算のひっ算①

月　　　日

点/6点

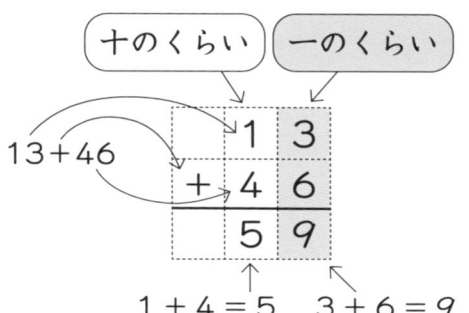

十のくらい　一のくらい

13+46

```
   1 3
 + 4 6
 ─────
   5 9
```

1 + 4 = 5　　3 + 6 = 9

13+46を　ひっ算で　する
と　左のように　なります。
　一のくらいから　計算しま
す。

①
```
   2 1
 + 4 3
```

・1 + 3 = ☐

・2 + 4 = ☐

②
```
   3 2
 + 5 6
```

・2 + 6 = ☐

・3 + 5 = ☐

③
```
   4 4
 + 2 1
```

・4 + 1 = ☐

・4 + 2 = ☐

④
```
   5 1
 + 2 7
```

⑤
```
   6 2
 + 3 5
```

⑥
```
   7 2
 + 2 7
```

おうちの方へ　たし算の筆算は、たてに位をそろえてかき、一の位から計算をはじめます。

② たし算のひっ算②

月　日

点/10点

一のくらいの　数を　さきに　計算します。
つぎに　十のくらいの　計算を　します。

①
```
  8 1
+ 1 3
```

②
```
  1 2
+ 7 6
```

③
```
  2 0
+ 7 9
```

④
```
  2 3
+ 4 0
```

⑤
```
  3 0
+ 5 3
```

⑥
```
  4 2
+ 3 5
```

⑦
```
  4 5
+ 2 2
```

⑧
```
  1 5
+ 5 1
```

⑨
```
  2 6
+ 7 2
```

⑩
```
  3 3
+ 4 1
```

まちがいなおし

まちがいなおし

3 たし算のひっ算③

月　日

点/10点

十のくらいに　数が　ないときは、0と
かんがえて　計算します。

①

	2	4
＋	0	3

②

	0	3
＋	2	4

③

	4	1
＋	0	6

④

		6
＋	4	1

⑤

	6	3
＋		2

⑥

		2
＋	6	3

⑦

		5
＋	5	2

⑧

	5	2
＋		5

⑨

	7	4
＋		4

⑩

		4
＋	7	4

まちがいなおし

まちがいなおし

4 たし算のひっ算④

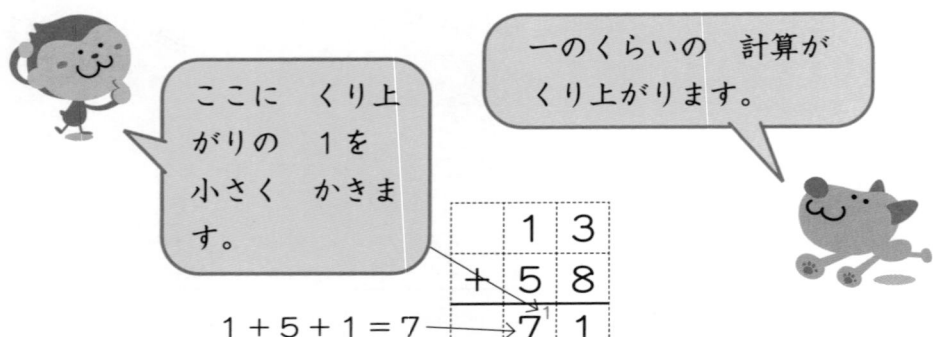

ここに　くり上がりの　1を　小さく　かきます。

一のくらいの　計算が　くり上がります。

$$1 + 5 + 1 = 7$$

```
  1 3
+ 5 8
─────
7¹1
```

①
```
  1 3
+ 5 8
─────
```

②
```
  2 4
+ 3 9
─────
```

③
```
  3 2
+ 4 9
─────
```

④
```
  4 2
+ 3 8
─────
```

⑤
```
  1 6
+ 7 7
─────
```

⑥
```
  5 5
+ 1 9
─────
```

おうちの方へ　計算になれるまでは、くり上がりの数を小さくかいておくようにするとよいでしょう。

5 たし算のひっ算⑤

月　日

点/10点

くり上がりの　1を　わくの　上に
かいている　きょうかしょも　あります。

①

	6	9
＋	1	6

②

	5	3
＋	2	8

③

	4	1
＋	1	9

④

	1	4
＋	4	8

⑤

	3	4
＋	3	9

⑥

	2	2
＋	3	8

⑦

	3	8
＋	2	9

⑧

	6	7
＋	1	6

⑨

	1	9
＋	2	3

⑩

	2	7
＋	4	9

まちがいなおし

まちがいなおし

くり上がりの　1を　かくのを
わすれると　まちがいやすいよ。

①
```
    3 7
+   3 7
```

②
```
    4 1
+   1 9
```

③
```
    6 3
+   2 7
```

④
```
    5 2
+   3 8
```

⑤
```
    3 4
+   2 9
```

⑥
```
    1 1
+   6 9
```

⑦
```
    4 7
+   3 4
```

⑧
```
    6 6
+   2 5
```

⑨
```
    5 6
+   1 5
```

⑩
```
    7 9
+   1 7
```

まちがいなおし

まちがいなおし

7 たし算のひっ算⑦

月　日

点/10点

くり上がりを　わすれて　いないかな？

① 17 ＋ 57 ＝

② 25 ＋ 48 ＝

③ 43 ＋ 37 ＝

④ 31 ＋ 19 ＝

⑤ 35 ＋ 46 ＝

⑥ 18 ＋ 69 ＝

⑦ 53 ＋ 38 ＝

⑧ 46 ＋ 38 ＝

⑨ 64 ＋ 26 ＝

⑩ 28 ＋ 48 ＝

まちがいなおし

まちがいなおし

8 たし算のひっ算⑧

月　　日

点/10点

くり上がりのとき　十のくらいに
かくのは　いつも　１ですね。

①

	1	5
+		7

②

		7
+	1	5

③

	3	4
+		9

④

		9
+	3	4

⑤

	4	5
+		5

⑥

		5
+	4	5

⑦

	5	6
+		7

⑧

		7
+	5	6

⑨

	7	8
+		3

⑩

		3
+	7	8

まちがいなおし

まちがいなおし

9 ひき算のひっ算①

点/6点

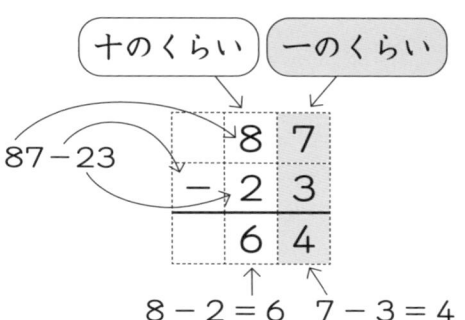

87−23

	十のくらい	一のくらい
	8	7
−	2	3
	6	4

8−2=6　7−3=4

87−23を　ひっ算で　すると　左のように　なります。一のくらいから　計算します。

①

	3	6
−	1	4

②

	5	7
−	2	2

③

	6	4
−	3	1

④

	7	5
−	1	3

⑤

	8	4
−	2	0

⑥

	9	7
−	3	5

おうちの方へ　ひき算の筆算も、たてに位をそろえてかき、一の位から計算をはじめます。

10 ひき算のひっ算②

ひき算も　一のくらいから　はじめます。

① $34 - 12$	② $45 - 33$	③ $64 - 24$
④ $52 - 21$	⑤ $73 - 11$	⑥ $85 - 54$
⑦ $68 - 30$	⑧ $39 - 26$	⑨ $56 - 33$
⑩ $49 - 28$	まちがいなおし	まちがいなおし

11 ひき算のひっ算③

月　日

点/10点

いつも　一のくらいから　計算します。

①
	9	2
−	2	2

②
	2	6
−	1	4

③
	4	1
−	2	1

④
	3	6
−	2	5

⑤
	5	9
−	4	8

⑥
	9	5
−	1	3

⑦
	2	9
−	1	4

⑧
	4	7
−	3	6

⑨
	6	5
−	3	0

⑩
	5	4
−	2	4

まちがいなおし

まちがいなおし

12 ひき算のひっ算④

	3 ~~4~~	1 2
−	1	7
	2	5

1．一のくらいの　計算

㋐　2−7は　できません。

㋑　十のくらいから　1くり下げる。

12−7＝5

2．十のくらいの　計算

1くり下げたので

4→3　　3−1＝2

タイルですると

42−17

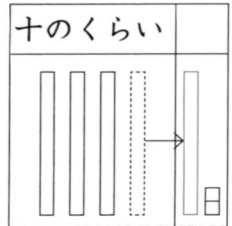

十のくらい

①

	2 ~~3~~	1 3
−	1	9

②

	3 ~~4~~	1 6
−	2	8

③

	5	3
−	1	5

④

	7	2
−	3	7

⑤

	3	8
−	1	9

⑥

	6	1
−	2	6

一のくらいから　さきに　計算します。
くり下がりに　気をつけよう。

①
```
    3
  4 '3
-  2 7
─────
```

②
```
  5 1
- 2 5
─────
```

③
```
  3 7
- 1 9
─────
```

④
```
  6 2
- 3 8
─────
```

⑤
```
  7 6
- 2 7
─────
```

⑥
```
  8 4
- 4 8
─────
```

⑦
```
  5 5
- 2 6
─────
```

⑧
```
  4 8
- 2 9
─────
```

⑨
```
  6 7
- 2 8
─────
```

⑩
```
  7 4
- 4 7
─────
```

まちがいなおし

まちがいなおし

ひき算のひっ算⑥

月　　日

点/10点

> 0-4 は できません。
> 十のくらいから もらってきますよ。

①
```
   7 0
-  4 4
───────
```

②
```
   8 0
-  1 7
───────
```

③
```
   9 0
-  3 8
───────
```

④
```
   5 0
-  2 5
───────
```

⑤
```
   6 0
-  2 3
───────
```

⑥
```
   5 8
-  3 9
───────
```

⑦
```
   4 4
-  2 9
───────
```

⑧
```
   7 5
-  3 8
───────
```

⑨
```
   6 6
-  2 7
───────
```

⑩
```
   7 7
-  3 9
───────
```

まちがいなおし

まちがいなおし

15 ひき算のひっ算⑦

月　　日

点/10点

くり下がりに　気をつけよう。

①
```
    6 3
  - 2 5
```

②
```
    7 1
  - 3 6
```

③
```
    9 4
  - 5 5
```

④
```
    8 1
  - 3 7
```

⑤
```
    3 5
  - 1 7
```

⑥
```
    8 2
  - 4 4
```

⑦
```
    9 3
  - 6 8
```

⑧
```
    7 8
  - 3 9
```

⑨
```
    4 4
  - 2 6
```

⑩
```
    8 6
  - 2 8
```

まちがいなおし

まちがいなおし

16 ひき算のひっ算⑧

	2	
	3̸	1 2
−	2	5
	0	7

十のくらいの　計算は
２−２＝０です。数の
左はしの　０は、ふつう
かきません。

①

	3	2
−	2	5
		7

②

	4	3
−	3	5

③

	5	2
−	4	7

④

	6	4
−	5	5

⑤

	7	1
−	6	3

⑥

	3	5
−	2	8

⑦

	4	6
−	3	9

⑧

	5	7
−	4	8

⑨

	6	5
−	5	6

⑩

	8	3
−	7	4

まちがいなおし

まちがいなおし

17 くり上がりのたし算①

点/6点

1. 一のくらいの　計算
$$8 + 1 = 9$$

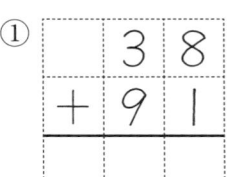

2. 十のくらいの　計算
$$\begin{cases} 3 + 9 = 12 \\ 12の1は、百のくらいです。 \end{cases}$$

①
```
    3 8
+   9 1
---------
```

・$8 + 1 = 9$

・$3 + 9 = 12$

②
```
    5 4
+   8 2
---------
```
・

③
```
    6 5
+   7 3
---------
```

④
```
    7 6
+   4 2
---------
```

⑤
```
    8 2
+   3 6
---------
```

⑥
```
    9 3
+   4 5
---------
```

おうちの方へ　百の位にくり上がる計算を集めています。たし算のくり上がりは、いつも1（百の位が1）です。

くり上がりのたし算②

月　　日

点/6点

	4	2
+	7	9
1	2¹	1

1. 一のくらいの　計算

$2+9=11$　　1 くり上げます。

2. 十のくらいの　計算

$4+7+1=12$

↑

くり上がった1

12の1は、百のくらいです。

①
	4	2
+	7	9
		｜

・$2+9=$

・$4+7+1=$

②
	5	7
+	6	7

③
	8	5
+	2	6

④
	6	4
+	8	8

⑤
	7	5
+	5	7

⑥
	5	8
+	9	3

19 くり上がりのたし算③

くり上がりが　２かしょ　あるよ。

①
	1	7
+	9	8

②
	2	2
+	9	9

③
	3	4
+	7	7

④
	5	9
+	5	5

⑤
	4	4
+	6	8

⑥
	6	8
+	4	8

⑦
	2	8
+	9	7

⑧
	7	7
+	8	5

⑨
	4	8
+	7	3

⑩
	3	9
+	8	3

まちがいなおし

まちがいなおし

20 くり上がりのたし算④

月　日

点/10点

くり上がりを　わすれないように。
1＋8＋1＝10

①

	1	2
＋	8	9

②

	2	5
＋	7	8

③

	4	3
＋	5	7

④

	3	3
＋	6	8

⑤

	5	5
＋	4	5

⑥

	1	6
＋	8	7

⑦

	2	8
＋	7	2

⑧

	4	7
＋	5	3

⑨

	3	8
＋	6	4

⑩

	6	1
＋	3	9

まちがいなおし

まちがいなおし

㉑ くり上がりのたし算⑤

月　　日

点/10点

十のくらいの　くり上がりを　わすれないように。くり上がりが　あるんだよ。

①
```
   9 1
 +   9
 ─────
```

②
```
   9 3
 +   8
 ─────
```

③
```
   9 6
 +   7
 ─────
```

④
```
   9 8
 +   3
 ─────
```

⑤
```
   9 7
 +   6
 ─────
```

⑥
```
     9
 + 9 4
 ─────
```

⑦
```
     9
 + 9 2
 ─────
```

⑧
```
     2
 + 9 9
 ─────
```

⑨
```
     5
 + 9 5
 ─────
```

⑩
```
     7
 + 9 4
 ─────
```

まちがいなおし

まちがいなおし

22 くり上がりのたし算⑥

月　　日

点/10点

いままでの　たし算の　まとめです。
くり上がりが　あるのも　ないのも　ありますよ。

①
```
    1 1
+   9 6
─────────
```

②
```
    3 4
+   8 6
─────────
```

③
```
    5 1
+   4 9
─────────
```

④
```
    4 5
+   6 6
─────────
```

⑤
```
    2 1
+   9 6
─────────
```

⑥
```
      5
+   9 7
─────────
```

⑦
```
    5 4
+   5 8
─────────
```

⑧
```
    9 6
+     4
─────────
```

⑨
```
    6 8
+   8 7
─────────
```

⑩
```
    8 3
+   9 9
─────────
```

まちがいなおし

まちがいなおし

23 くり上がりのたし算⑦

月　　日

点/10点

「くり上がりはある」と　きまって
いないよ。

① 37 + 73 =

② 41 + 88 =

③ 25 + 76 =

④ 56 + 44 =

⑤ 15 + 87 =

⑥ 63 + 96 =

⑦ 95 + 8 =

⑧ 65 + 39 =

⑨ 9 + 92 =

⑩ 73 + 88 =

まちがいなおし

まちがいなおし

24 くり下がりのひき算①

月　　日

点/6点

	1	3	9
−		6	4
		7	5

1．一のくらいの　計算

9 − 4 = 5

2．十のくらいの　計算

㋐　3 − 6は　できません。

㋑　百のくらいから　十のくらいへ　おろし

13 − 6 = 7

①

	1	3	9
−		6	4
		7	5

②

	1	4	3
−		7	2

③

	1	5	6
−		8	1

・9 − 4 = 5

・13 − 6 = 7

④

	1	7	5
−		9	5

⑤

	1	1	8
−		3	6

⑥

	1	2	4
−		3	2

おうちの方へ

百の位は1なので、くり下がると百の位の数は0になります。ふつう整数の先頭の0はかきません。

25 くり下がりのひき算②

月　日

	1	4（3）	3（1）
−		5	7
		8	6

1．一のくらいの　計算

㋐　３－７は　できません。

㋑　十のくらいから　１おろし

13－７＝６　　十のくらいは　４→３

2．十のくらいの　計算

㋐　３－５は　できません。

㋑　百のくらいから　１おろし

13－５＝８

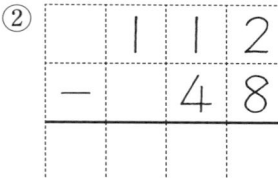

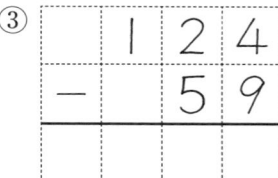

①

	1	4（3）	3（1）
−		5	7

②

	1	1	2
−		4	8

③

	1	2	4
−		5	9

・13－7＝

・13－5＝

④

	1	3	6
−		8	9

⑤

	1	5	1
−		6	6

⑥

	1	8	2
−		9	7

おうちの方へ　くり下がりのときの補助数字のかき方は、教科書によって異なる場合があります。

26 くり下がりのひき算③

月　　日

点/10点

一のくらいも　十のくらいも　くり下がりがあります。

①	1	1	0
−		3	2

②	1	4	5
−		5	9

③	1	2	3
−		5	8

④	1	5	3
−		6	5

⑤	1	3	7
−		4	9

⑥	1	6	4
−		6	7

⑦	1	7	2
−		7	3

⑧	1	8	1
−		8	6

⑨	1	9	6
−		9	8

⑩	1	6	0
−		7	1

まちがいなおし

まちがいなおし

27 くり下がりのひき算④

月　　日

点/10点

くり下がりを　見のがすと　たいへんだよ。

① 120 − 24 =

② 111 − 53 =

③ 142 − 54 =

④ 134 − 57 =

⑤ 175 − 78 =

⑥ 150 − 58 =

⑦ 147 − 68 =

⑧ 128 − 99 =

⑨ 161 − 77 =

⑩ 193 − 94 =

まちがいなおし

まちがいなおし

28 くり下がりのひき算⑤

月　　日

		(9)	
	1̸	0̸	(1)4
−		2	5
		7	9

1．一のくらいの　計算
- ㋐　4－5は　できません。
- ㋑　十のくらいは　0なので、おろせません。
- ㋒　百のくらいを　くずしてから　おろします。
- ㋓　一のくらいは　14－5＝9

2．十のくらいの　計算
　0は9になっているので　9－2＝7

3．百のくらいは　くずしたので　ありません。

①

	1	0	4
−		2	5

②

	1	0	1
−		4	6

③

	1	0	5
−		8	8

④

	1	0	3
−		3	9

⑤

	1	0	7
−		9	8

⑥

	1	0	6
−		7	9

おうちの方へ　ひかれる数の十の位が0なので、百の位から下ろし、十の位は9、一の位へは10くり下がります。

月　　日

点/10点

くり下がりの　ある　計算や　くり下がりの
ない　計算が　あるよ。

①
```
  1 0 8
-   5 5
```

②
```
  1 6 7
-   8 6
```

③
```
  1 3 5
-   5 4
```

④
```
  1 1 1
-   7 7
```

⑤
```
  1 0 4
-     7
```

⑥
```
  1 3 7
-   6 5
```

⑦
```
  1 5 5
-   6 9
```

⑧
```
  1 4 3
-   4 7
```

⑨
```
  1 6 5
-   7 8
```

まちがいなおし

まちがいなおし

⑩
```
  1 7 3
-   9 5
```

30 くり下がりのひき算⑦

月　　日

点/10点

> 一のくらいから　計算を　はじめます。
> くり下がりに　気をつけよう。

①
```
  1 3 8
-   6 7
```

②
```
  1 1 0
-   6 6
```

③
```
  1 7 4
-   8 0
```

④
```
  1 0 6
-   5 6
```

⑤
```
  1 3 6
-   4 8
```

⑥
```
  1 0 0
-   2 7
```

⑦
```
  1 4 1
-   5 9
```

⑧
```
  1 2 1
-   7 4
```

⑨
```
  1 5 4
-   7 5
```

⑩
```
  1 6 2
-   9 5
```

まちがいなおし

まちがいなおし

31 たし算・ひき算①

月　　日

点/9点

たし算と　ひき算が　まざった　計算だよ。
＋、－の記号を　よく見てね。

①
```
    4 0
+   3 8
```

②
```
  1 4 6
－   5 4
```

③
```
    2 9
+   8 0
```

④
```
  1 0 5
－     7
```

⑤
```
    1 0
+   9 1
```

⑥
```
  1 1 7
－   2 9
```

⑦
```
    1 4
+   8 7
```

⑧
```
  1 0 7
－   2 8
```

⑨
```
    2 6
+   9 7
```

おうちの方へ　たし算・ひき算の計算がまざると、計算スピードが一時おそくなる場合があります。あせらず、確実にとり組ませましょう。

たし算・ひき算②

かんたんな　もんだいも、ちょっと
めんどうな　もんだいも　あるよ。

①

	1	0	3
−			8

②

	5	0
＋	2	6

③

	1	2	2
−		4	6

④

	2	3
＋	9	2

⑤

	9	3
＋		9

⑥

	1	0	0
−		5	3

⑦

	1	5	2
−		6	1

⑧

	1	6
＋	8	8

⑨

	1	0	2
−		7	5

⑩

	1	1	5
−		4	7

まちがいなおし

まちがいなおし

33 たし算・ひき算③

おちついて、一のくらいから　じゅんに
計算しましょう。

①
```
    6 0
+   3 9
```

②
```
    7 1
+   6 6
```

③
```
  1 0 0
-     9
```

④
```
    9 7
+     6
```

⑤
```
  1 0 2
-   4 1
```

⑥
```
  1 2 5
-   4 7
```

⑦
```
  1 5 7
-   7 4
```

⑧
```
    1 8
+   8 9
```

⑨
```
  1 0 1
-   5 8
```

⑩
```
    4 9
+   6 8
```

まちがいなおし

まちがいなおし

34 たし算・ひき算④

月　　日

点/10点

ぜんぶの　もんだいが　正しく
できましたか。

①

	1	6	6
−		8	3

②

	1	3	3
−		7	4

③

	7	1
＋	1	5

④

	8	0
＋	8	3

⑤

	9	9
＋		9

⑥

	1	9
＋	8	6

⑦

	1	0	6
−			9

⑧

	6	3
＋	4	8

⑨

	1	0	7
−		6	8

⑩

	1	0	3
−		7	7

まちがいなおし

まちがいなおし

35 かけ算九九①

月　　　日

点/10点

わくの中に　2のだんを　じゅんばんに、か
きましょう。かいたら　5回　よみましょう。

かける数	0	1	2	3	4	5	6	7	8	9
2のだんの答え	0									

① $2 \times 2 =$

② $2 \times 3 =$

③ $2 \times 1 =$

④ $2 \times 5 =$

⑤ $2 \times 6 =$

⑥ $2 \times 4 =$

⑦ $2 \times 8 =$

⑧ $2 \times 7 =$

⑨ $2 \times 9 =$

⑩ $2 \times 0 = 0$

おうちの方へ　かけ算は、しっかり覚えるまで練習させましょう。はじめはゆっく
りでもいいです。かける0は3年の学習です。

36

かけ算九九②

月　日

点/10点

わくの中に　5のだんを　じゅんばんに、かきましょう。かいたら　5回　よみましょう。

かける数	0	1	2	3	4	5	6	7	8	9
5のだんの答え	0									

① 5×1＝

② 5×4＝

③ 5×2＝

④ 5×5＝

⑤ 5×3＝

⑥ 5×8＝

⑦ 5×6＝

⑧ 5×9＝

⑨ 5×7＝

⑩ 5×0＝0

37

かけ算九九③

月　　日

点/10点

わくの中に　9のだんを　じゅんばんに、かきましょう。かいたら　5回　よみましょう。

かける数	0	1	2	3	4	5	6	7	8	9
9のだんの答え	0									

① 9×4＝

② 9×2＝

③ 9×6＝

④ 9×1＝

⑤ 9×8＝

⑥ 9×3＝

⑦ 9×7＝

⑧ 9×5＝

⑨ 9×9＝

⑩ 9×0＝0

38 かけ算九九④

月　　日

点/10点

わくの中に　3のだんを　じゅんばんに、かきましょう。かいたら　5回　よみましょう。

かける数	0	1	2	3	4	5	6	7	8	9
3のだんの答え	0									

① $3\times5=$

② $3\times2=$

③ $3\times4=$

④ $3\times3=$

⑤ $3\times8=$

⑥ $3\times6=$

⑦ $3\times1=$

⑧ $3\times7=$

⑨ $3\times9=$

⑩ $3\times0=0$

39 かけ算九九⑤

月　日

点/10点

わくの中に　4のだんを　じゅんばんに、か
きましょう。かいたら　5回　よみましょう。

かける数	0	1	2	3	4	5	6	7	8	9
4のだんの答え	0									

① 4×3＝

② 4×2＝

③ 4×5＝

④ 4×1＝

⑤ 4×6＝

⑥ 4×9＝

⑦ 4×4＝

⑧ 4×7＝

⑨ 4×8＝

⑩ 4×0＝ ◯

かけ算九九⑥

月　　日

点/10点

わくの中に　6のだんを　じゅんばんに、かきましょう。かいたら　5回　よみましょう。

かける数	0	1	2	3	4	5	6	7	8	9
6のだんの答え	0									

① $6\times3=$

② $6\times1=$

③ $6\times6=$

④ $6\times2=$

⑤ $6\times4=$

⑥ $6\times8=$

⑦ $6\times5=$

⑧ $6\times7=$

⑨ $6\times9=$

⑩ $6\times0=0$

かけ算九九⑦

月　　　日

点/10点

わくの中に　7のだんを　じゅんばんに、かきましょう。かいたら　5回　よみましょう。

かける数	0	1	2	3	4	5	6	7	8	9
7のだんの答え	0									

① 　7×2＝

② 　7×7＝

③ 　7×1＝

④ 　7×4＝

⑤ 　7×3＝

⑥ 　7×5＝

⑦ 　7×9＝

⑧ 　7×8＝

⑨ 　7×6＝

⑩ 　7×0＝ ◯

かけ算九九⑧

月　日

点/10点

わくの中に　8のだんを　じゅんばんに、かきましょう。かいたら　5回　よみましょう。

かける数	0	1	2	3	4	5	6	7	8	9
8のだんの答え	0									

① 8×2＝

② 8×5＝

③ 8×9＝

④ 8×1＝

⑤ 8×3＝

⑥ 8×7＝

⑦ 8×4＝

⑧ 8×6＝

⑨ 8×8＝

⑩ 8×0＝0

かけ算九九⑨

月　　日

点/10点

わくの中に　1のだんを　じゅんばんに、かきましょう。かいたら　5回　よみましょう。

かける数	0	1	2	3	4	5	6	7	8	9
1のだんの答え	0									

① 1×3=

② 1×1=

③ 1×5=

④ 1×2=

⑤ 1×7=

⑥ 1×9=

⑦ 1×4=

⑧ 1×6=

⑨ 1×8=

⑩ 1×0= ◯

かけ算九九⑩

月　　日

点/20点

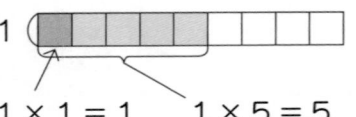

1

$1 \times 1 = 1$　　$1 \times 5 = 5$

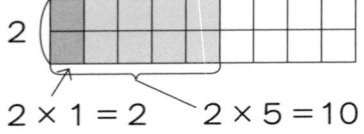

2

$2 \times 1 = 2$　　$2 \times 5 = 10$

数えても　答えが　わかるよ。

① $1 \times 1 =$

② $1 \times 3 =$

③ $1 \times 5 =$

④ $1 \times 7 =$

⑤ $1 \times 9 =$

⑥ $1 \times 2 =$

⑦ $1 \times 4 =$

⑧ $1 \times 6 =$

⑨ $1 \times 8 =$

⑩ $1 \times 0 = 0$

⑪ $2 \times 2 =$

⑫ $2 \times 4 =$

⑬ $2 \times 6 =$

⑭ $2 \times 8 =$

⑮ $2 \times 1 =$

⑯ $2 \times 3 =$

⑰ $2 \times 5 =$

⑱ $2 \times 7 =$

⑲ $2 \times 9 =$

⑳ $2 \times 0 = 0$

かけ算九九⑪

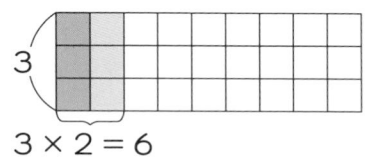

3

$3 \times 2 = 6$

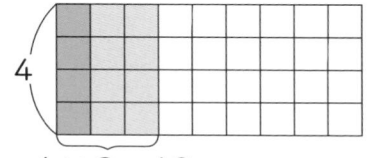

4

$4 \times 3 = 12$

わからない　ときは、
数えれば　いいよ。

① $3 \times 2 =$

② $3 \times 4 =$

③ $3 \times 6 =$

④ $3 \times 8 =$

⑤ $3 \times 1 =$

⑥ $3 \times 3 =$

⑦ $3 \times 5 =$

⑧ $3 \times 7 =$

⑨ $3 \times 9 =$

⑩ $3 \times 0 = 0$

⑪ $4 \times 1 =$

⑫ $4 \times 3 =$

⑬ $4 \times 5 =$

⑭ $4 \times 7 =$

⑮ $4 \times 9 =$

⑯ $4 \times 2 =$

⑰ $4 \times 4 =$

⑱ $4 \times 6 =$

⑲ $4 \times 8 =$

⑳ $4 \times 0 = 0$

46

かけ算九九⑫

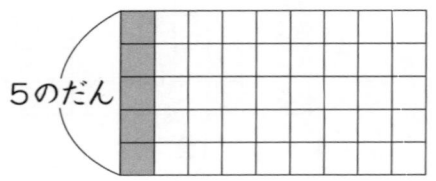

月　日

点/20点

5のだん

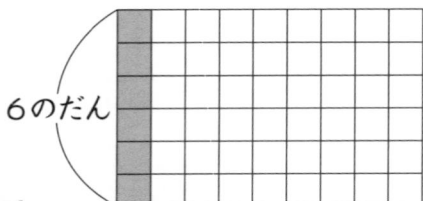

6のだん

５と６のだんだよ。

① 5×2＝

② 5×4＝

③ 5×6＝

④ 5×8＝

⑤ 5×1＝

⑥ 5×3＝

⑦ 5×5＝

⑧ 5×7＝

⑨ 5×9＝

⑩ 5×0＝0

⑪ 6×1＝

⑫ 6×3＝

⑬ 6×5＝

⑭ 6×7＝

⑮ 6×9＝

⑯ 6×2＝

⑰ 6×4＝

⑱ 6×6＝

⑲ 6×8＝

⑳ 6×0＝0

47 かけ算九九⑬

月　　日

点/20点

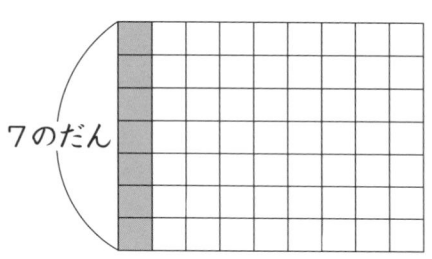

7のだん

8のだんの　答えが　わかりにくいときは、じぶんで、7のだんのような　ますをかいてね。

① 7×1＝

② 7×3＝

③ 7×5＝

④ 7×7＝

⑤ 7×9＝

⑥ 7×2＝

⑦ 7×4＝

⑧ 7×6＝

⑨ 7×8＝

⑩ 7×0＝0

⑪ 8×2＝

⑫ 8×4＝

⑬ 8×6＝

⑭ 8×8＝

⑮ 8×1＝

⑯ 8×3＝

⑰ 8×5＝

⑱ 8×7＝

⑲ 8×9＝

⑳ 8×0＝0

48 かけ算九九⑭

9のだんの　答えの　一のくらいを　じゅんに　見ましょう。また、十のくらいの　数も　じゅんに　見ましょう。

① 9×1＝

② 9×2＝

③ 9×3＝

④ 9×4＝

⑤ 9×5＝

⑥ 9×6＝

⑦ 9×7＝

⑧ 9×8＝

⑨ 9×9＝

⑩ 9×0＝0

⑪ 9×9＝

⑫ 9×8＝

⑬ 9×7＝

⑭ 9×6＝

⑮ 9×5＝

⑯ 9×4＝

⑰ 9×3＝

⑱ 9×2＝

⑲ 9×1＝

⑳ 9×0＝0

かけ算九九 ⑮

月　　日

点/2点

①〜⑨を、10びょうで　いいましょう。　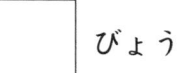　びょう

⑩〜⑱を、12びょうで　いいましょう。　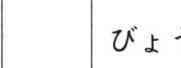　びょう

①　$1 \times 1 = 1$
　　いん　いち が いち

②　$1 \times 2 = 2$

③　$1 \times 3 = 3$

④　$1 \times 4 = 4$

⑤　$1 \times 5 = 5$

⑥　$1 \times 6 = 6$

⑦　$1 \times 7 = 7$

⑧　$1 \times 8 = 8$

⑨　$1 \times 9 = 9$

⑩　$1 \times 9 = 9$

⑪　$1 \times 8 = 8$

⑫　$1 \times 7 = 7$

⑬　$1 \times 6 = 6$

⑭　$1 \times 5 = 5$

⑮　$1 \times 4 = 4$

⑯　$1 \times 3 = 3$

⑰　$1 \times 2 = 2$

⑱　$1 \times 1 = 1$

おうちの方へ　はっきり発音できているか確認しましょう。

50

かけ算九九⑯

月　　　日

点/2点

①～⑨を、10びょうで いいましょう。 □ びょう

⑩～⑱を、12びょうで いいましょう。 □ びょう

① $2 \times 1 = 2$
に　いちが　に

② $2 \times 2 = 4$

③ $2 \times 3 = 6$

④ $2 \times 4 = 8$

⑤ $2 \times 5 = 10$

⑥ $2 \times 6 = 12$

⑦ $2 \times 7 = 14$

⑧ $2 \times 8 = 16$

⑨ $2 \times 9 = 18$

⑩ $2 \times 9 = 18$

⑪ $2 \times 8 = 16$

⑫ $2 \times 7 = 14$

⑬ $2 \times 6 = 12$

⑭ $2 \times 5 = 10$

⑮ $2 \times 4 = 8$

⑯ $2 \times 3 = 6$

⑰ $2 \times 2 = 4$

⑱ $2 \times 1 = 2$

郵 便 は が き

料金受取人払郵便

大阪北局
承 認
246

差出有効期間
2024年５月31日まで
※切手を貼らずに
お出しください。

５３０－８７９０

１５６

大阪市北区曽根崎２－11－16
梅田セントラルビル

清風堂書店
愛読者係 行

愛読者カード ご購入ありがとうございます。

フリガナ		性別	男 ・ 女
お名前		年齢	歳
TEL FAX	（ ）	ご職業	
ご住所	〒 －		
E-mail	@		

ご記入いただいた個人情報は、当社の出版の参考にのみ活用させていただきます。
第三者には一切開示いたしません。

□学力がアップする教材満載のカタログ送付を希望します。

●ご購入書籍・プリント名

●ご購入店舗・サイト名等（　　　　　　　　　　　　　　　　　　　　　　）

●ご購入の決め手は何ですか？（あてはまる数字に○をつけてください。）
　1．表紙・タイトル　　　2．中身　　　3．価格　　　4．SNSやHP
　5．知人の紹介　　　　　6．その他（　　　　　　　　　　　　　　　　）

●本書の内容にはご満足いただけたでしょうか？（あてはまる数字に○をつけてください。）

たいへん満足　|————|————|————|————|　不満
　　　　　　5　　　　4　　　　3　　　　2　　　　1

●本書の良かったところや改善してほしいところを教えてください。

●ご意見・ご感想、本書の内容に関してのご質問、また今後欲しい商品のアイデアがありましたら下欄にご記入ください。

ご協力ありがとうございました。

★ご感想を小社HP等で匿名でご紹介させていただく場合もございます。　□可　□不可
★おハガキをいただいた方の中から抽選で10名様に2,000円分の図書カードをプレゼント！
　当選の発表は、賞品の発送をもってかえさせていただきます。

51

かけ算九九⑰

月　　日

点/2点

①〜⑨を、10びょうで　いいましょう。　□ びょう

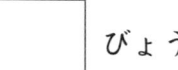

⑩〜⑱を、12びょうで　いいましょう。　□ びょう

① 3×1＝3
さん　いちが さん

② 3×2＝6

③ 3×3＝9

④ 3×4＝12

⑤ 3×5＝15

⑥ 3×6＝18

⑦ 3×7＝21

⑧ 3×8＝24

⑨ 3×9＝27

⑩ 3×9＝27

⑪ 3×8＝24

⑫ 3×7＝21

⑬ 3×6＝18

⑭ 3×5＝15

⑮ 3×4＝12

⑯ 3×3＝9

⑰ 3×2＝6

⑱ 3×1＝3

かけ算九九⑱

①～⑨を、10びょうで　いいましょう。　□びょう

⑩～⑱を、12びょうで　いいましょう。　□びょう

① 4×1＝4
し　いちが し

② 4×2＝8

③ 4×3＝12

④ 4×4＝16

⑤ 4×5＝20

⑥ 4×6＝24

⑦ 4×7＝28

⑧ 4×8＝32

⑨ 4×9＝36

⑩ 4×9＝36

⑪ 4×8＝32

⑫ 4×7＝28

⑬ 4×6＝24

⑭ 4×5＝20

⑮ 4×4＝16

⑯ 4×3＝12

⑰ 4×2＝8

⑱ 4×1＝4

53 かけ算九九⑲

月　日

点/2点

①〜⑨を、10びょうで　いいましょう。 [ ] びょう

⑩〜⑱を、12びょうで　いいましょう。 [ ] びょう

① $5 \times 1 = 5$
ご　いちが　ご

② $5 \times 2 = 10$

③ $5 \times 3 = 15$

④ $5 \times 4 = 20$

⑤ $5 \times 5 = 25$

⑥ $5 \times 6 = 30$

⑦ $5 \times 7 = 35$

⑧ $5 \times 8 = 40$

⑨ $5 \times 9 = 45$

⑩ $5 \times 9 = 45$

⑪ $5 \times 8 = 40$

⑫ $5 \times 7 = 35$

⑬ $5 \times 6 = 30$

⑭ $5 \times 5 = 25$

⑮ $5 \times 4 = 20$

⑯ $5 \times 3 = 15$

⑰ $5 \times 2 = 10$

⑱ $5 \times 1 = 5$

54 かけ算九九⑳

①～⑨を、10びょうで　いいましょう。　☐びょう

⑩～⑱を、12びょうで　いいましょう。　☐びょう

① 6×1=6
　ろく　いちが ろく

② 6×2=12

③ 6×3=18

④ 6×4=24

⑤ 6×5=30

⑥ 6×6=36

⑦ 6×7=42

⑧ 6×8=48

⑨ 6×9=54

⑩ 6×9=54

⑪ 6×8=48

⑫ 6×7=42

⑬ 6×6=36

⑭ 6×5=30

⑮ 6×4=24

⑯ 6×3=18

⑰ 6×2=12

⑱ 6×1=6

55

かけ算九九 ㉑

月　　日

点/2点

①～⑨を、10びょうで　いいましょう。　□びょう

⑩～⑱を、12びょうで　いいましょう。　□びょう

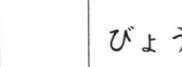

① $7 \times 1 = 7$
しち　いちがしち

② $7 \times 2 = 14$

③ $7 \times 3 = 21$

④ $7 \times 4 = 28$

⑤ $7 \times 5 = 35$

⑥ $7 \times 6 = 42$

⑦ $7 \times 7 = 49$

⑧ $7 \times 8 = 56$

⑨ $7 \times 9 = 63$

⑩ $7 \times 9 = 63$

⑪ $7 \times 8 = 56$

⑫ $7 \times 7 = 49$

⑬ $7 \times 6 = 42$

⑭ $7 \times 5 = 35$

⑮ $7 \times 4 = 28$

⑯ $7 \times 3 = 21$

⑰ $7 \times 2 = 14$

⑱ $7 \times 1 = 7$

56

かけ算九九㉒

点/2点

①〜⑨を、10びょうで　いいましょう。　□ びょう

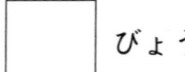

⑩〜⑱を、12びょうで　いいましょう。　□ びょう

① 8×1＝8
はち　いちが　はち

② 8×2＝16

③ 8×3＝24

④ 8×4＝32

⑤ 8×5＝40

⑥ 8×6＝48

⑦ 8×7＝56

⑧ 8×8＝64

⑨ 8×9＝72

⑩ 8×9＝72

⑪ 8×8＝64

⑫ 8×7＝56

⑬ 8×6＝48

⑭ 8×5＝40

⑮ 8×4＝32

⑯ 8×3＝24

⑰ 8×2＝16

⑱ 8×1＝8

57

かけ算九九㉓

①～⑨を、10びょうで　いいましょう。　☐びょう

⑩～⑱を、12びょうで　いいましょう。　☐びょう

① $9 \times 1 = 9$
　く　いちが く

② $9 \times 2 = 18$

③ $9 \times 3 = 27$

④ $9 \times 4 = 36$

⑤ $9 \times 5 = 45$

⑥ $9 \times 6 = 54$

⑦ $9 \times 7 = 63$

⑧ $9 \times 8 = 72$

⑨ $9 \times 9 = 81$

⑩ $9 \times 9 = 81$

⑪ $9 \times 8 = 72$

⑫ $9 \times 7 = 63$

⑬ $9 \times 6 = 54$

⑭ $9 \times 5 = 45$

⑮ $9 \times 4 = 36$

⑯ $9 \times 3 = 27$

⑰ $9 \times 2 = 18$

⑱ $9 \times 1 = 9$

58 かけ算九九㉔

月　日

点/20点

ここからは、九九を　バラバラに　しています。
答えを　合わせて、まちがいは、なおして　正
しい　答えを　おぼえましょう。

① 1×1＝

② 1×3＝

③ 1×6＝

④ 2×1＝

⑤ 1×2＝

⑥ 1×5＝

⑦ 2×3＝

⑧ 2×6＝

⑨ 1×4＝

⑩ 2×2＝

⑪ 1×7＝

⑫ 2×9＝

⑬ 1×8＝

⑭ 2×4＝

⑮ 2×7＝

⑯ 2×5＝

⑰ 3×2＝

⑱ 1×9＝

⑲ 2×8＝

⑳ 3×1＝

おうちの方へ　九九は速くできなければなりません。ここからのページがよどみな
くできないようでしたら、49番から復習させましょう。

59

かけ算九九 ㉕

月　　日

点/20点

3のだんと　4のだんと　5のだんです。
あわてないで、正しい　答えを　かきましょう。

① 　3×5＝

② 　3×3＝

③ 　4×1＝

④ 　3×7＝

⑤ 　3×4＝

⑥ 　4×3＝

⑦ 　4×5＝

⑧ 　4×2＝

⑨ 　4×4＝

⑩ 　3×6＝

⑪ 　3×8＝

⑫ 　4×7＝

⑬ 　3×9＝

⑭ 　4×6＝

⑮ 　5×1＝

⑯ 　4×8＝

⑰ 　5×2＝

⑱ 　4×9＝

⑲ 　4×4＝

⑳ 　5×6＝

かけ算九九㉖

月　日

点/20点

5のだんと　6のだんと　7のだんです。

① $5 \times 3 =$

② $5 \times 7 =$

③ $5 \times 4 =$

④ $5 \times 8 =$

⑤ $6 \times 1 =$

⑥ $6 \times 3 =$

⑦ $5 \times 9 =$

⑧ $6 \times 2 =$

⑨ $6 \times 6 =$

⑩ $6 \times 4 =$

⑪ $7 \times 1 =$

⑫ $6 \times 7 =$

⑬ $6 \times 5 =$

⑭ $7 \times 2 =$

⑮ $6 \times 8 =$

⑯ $7 \times 3 =$

⑰ $6 \times 9 =$

⑱ $7 \times 6 =$

⑲ $7 \times 8 =$

⑳ $7 \times 4 =$

61 かけ算九九㉗

月　　日

点/20点

7のだんと　8のだんと　9のだんです。
ちょっと　むずかしいけれど、思い出して
ね。

① 7×5=

② 7×7=

③ 7×9=

④ 8×1=

⑤ 8×4=

⑥ 9×1=

⑦ 8×2=

⑧ 9×4=

⑨ 8×3=

⑩ 9×2=

⑪ 8×5=

⑫ 8×8=

⑬ 9×3=

⑭ 9×6=

⑮ 8×9=

⑯ 9×5=

⑰ 8×6=

⑱ 9×7=

⑲ 8×7=

⑳ 9×8=

かけ算九九㉘

点/20点

2、3、4、5のだんです。
バラバラですが、答えは　すっと　出てきますか。

① 2×5＝

② 3×4＝

③ 4×3＝

④ 2×6＝

⑤ 4×7＝

⑥ 2×9＝

⑦ 4×6＝

⑧ 3×5＝

⑨ 4×8＝

⑩ 2×7＝

⑪ 4×4＝

⑫ 3×6＝

⑬ 4×9＝

⑭ 3×8＝

⑮ 4×5＝

⑯ 2×8＝

⑰ 5×3＝

⑱ 3×7＝

⑲ 5×4＝

⑳ 3×9＝

63

かけ算九九㉙

月　日

点/20点

５～９のだんです。ちょっと　むずかしく
なりますよ。がんばりましょう。

① $5 \times 5 =$

② $6 \times 2 =$

③ $5 \times 7 =$

④ $5 \times 9 =$

⑤ $6 \times 5 =$

⑥ $6 \times 3 =$

⑦ $6 \times 8 =$

⑧ $7 \times 2 =$

⑨ $5 \times 6 =$

⑩ $5 \times 8 =$

⑪ $7 \times 6 =$

⑫ $6 \times 4 =$

⑬ $6 \times 6 =$

⑭ $7 \times 3 =$

⑮ $7 \times 5 =$

⑯ $9 \times 9 =$

⑰ $8 \times 3 =$

⑱ $7 \times 4 =$

⑲ $8 \times 5 =$

⑳ $6 \times 7 =$

64 かけ算九九㉚

月　　日

点/20点

6〜9のだんです。むずかしいのが　たくさ
ん　あります。7×8、8×7は　正しく
おぼえましたか。おぼえまちがいの　九九は
ありませんか。

① $7 \times 8 =$　　⑧ $7 \times 9 =$　　⑮ $8 \times 7 =$

② $8 \times 2 =$　　⑨ $9 \times 3 =$　　⑯ $9 \times 5 =$

③ $9 \times 9 =$　　⑩ $8 \times 8 =$　　⑰ $8 \times 6 =$

④ $6 \times 9 =$　　⑪ $8 \times 4 =$　　⑱ $9 \times 8 =$

⑤ $8 \times 7 =$　　⑫ $7 \times 7 =$　　⑲ $8 \times 9 =$

⑥ $9 \times 2 =$　　⑬ $9 \times 4 =$　　⑳ $7 \times 8 =$

⑦ $9 \times 6 =$　　⑭ $9 \times 7 =$

かけ算九九㉛

月　　日

点/20点

九九で、まちがいが　多いものを　40だいえらびました。20だいずつ　出します。おちついてやって、正しい　答えを　かきましょう。

① $2 \times 9 =$

② $3 \times 7 =$

③ $3 \times 8 =$

④ $3 \times 9 =$

⑤ $4 \times 6 =$

⑥ $4 \times 7 =$

⑦ $4 \times 8 =$

⑧ $4 \times 9 =$

⑨ $5 \times 5 =$

⑩ $5 \times 6 =$

⑪ $5 \times 7 =$

⑫ $5 \times 8 =$

⑬ $5 \times 9 =$

⑭ $6 \times 4 =$

⑮ $6 \times 5 =$

⑯ $6 \times 6 =$

⑰ $6 \times 7 =$

⑱ $6 \times 8 =$

⑲ $6 \times 9 =$

⑳ $7 \times 3 =$

かけ算九九㉜

点/20点

前ページの　つづきです。しっかり　おぼえましょう。

① 7×4＝

② 7×5＝

③ 7×6＝

④ 7×7＝

⑤ 7×8＝

⑥ 7×9＝

⑦ 8×3＝

⑧ 8×4＝

⑨ 8×5＝

⑩ 8×6＝

⑪ 8×7＝

⑫ 8×8＝

⑬ 8×9＝

⑭ 9×3＝

⑮ 9×4＝

⑯ 9×5＝

⑰ 9×6＝

⑱ 9×7＝

⑲ 9×8＝

⑳ 9×9＝

かけ算九九㉝

月　　日

点/20点

ここから、まちがいやすい　九九を　バラバラに　ならべています。

① 3×8＝

② 5×5＝

③ 3×9＝

④ 4×8＝

⑤ 8×7＝

⑥ 6×4＝

⑦ 5×8＝

⑧ 3×7＝

⑨ 6×5＝

⑩ 4×9＝

⑪ 5×7＝

⑫ 6×6＝

⑬ 4×6＝

⑭ 5×9＝

⑮ 7×6＝

⑯ 4×7＝

⑰ 9×6＝

⑱ 7×7＝

⑲ 8×6＝

⑳ 9×7＝

かけ算九九㉞

点/20点

前ページと　合わせて　40だいは、ぜんぶできましたか。もし、まちがいがあったら、しきと　正しい　答えを　5回　よみましょう。

① $5 \times 6 =$

② $7 \times 5 =$

③ $6 \times 7 =$

④ $8 \times 5 =$

⑤ $7 \times 4 =$

⑥ $6 \times 9 =$

⑦ $8 \times 4 =$

⑧ $9 \times 5 =$

⑨ $8 \times 3 =$

⑩ $6 \times 8 =$

⑪ $7 \times 3 =$

⑫ $8 \times 9 =$

⑬ $7 \times 8 =$

⑭ $9 \times 9 =$

⑮ $7 \times 9 =$

⑯ $9 \times 3 =$

⑰ $8 \times 8 =$

⑱ $9 \times 4 =$

⑲ $9 \times 8 =$

⑳ $2 \times 9 =$

かけ算九九㉟

月　　日

点/20点

まちがいが　多い　20の　もんだいを　えらびました。
同じ　もんだいを　5まい　つづけています。

① $8 \times 5 =$

② $6 \times 6 =$

③ $7 \times 7 =$

④ $8 \times 9 =$

⑤ $7 \times 5 =$

⑥ $6 \times 7 =$

⑦ $9 \times 3 =$

⑧ $7 \times 4 =$

⑨ $6 \times 5 =$

⑩ $8 \times 6 =$

⑪ $9 \times 7 =$

⑫ $6 \times 9 =$

⑬ $7 \times 6 =$

⑭ $8 \times 8 =$

⑮ $7 \times 8 =$

⑯ $8 \times 7 =$

⑰ $6 \times 8 =$

⑱ $9 \times 4 =$

⑲ $7 \times 9 =$

⑳ $9 \times 5 =$

70 かけ算九九㊱

月　　日

点/20点

くりかえし　れんしゅうして
しっかり　おぼえましょう。

① 8×5＝

② 6×6＝

③ 7×7＝

④ 8×9＝

⑤ 7×5＝

⑥ 6×7＝

⑦ 9×3＝

⑧ 7×4＝

⑨ 6×5＝

⑩ 8×6＝

⑪ 9×7＝

⑫ 6×9＝

⑬ 7×6＝

⑭ 8×8＝

⑮ 7×8＝

⑯ 8×7＝

⑰ 6×8＝

⑱ 9×4＝

⑲ 7×9＝

⑳ 9×5＝

かけ算九九㊲

点/20点

どれも　答えが　すっと　出てきますか。

① 8×5＝

② 6×6＝

③ 7×7＝

④ 8×9＝

⑤ 7×5＝

⑥ 6×7＝

⑦ 9×3＝

⑧ 7×4＝

⑨ 6×5＝

⑩ 8×6＝

⑪ 9×7＝

⑫ 6×9＝

⑬ 7×6＝

⑭ 8×8＝

⑮ 7×8＝

⑯ 8×7＝

⑰ 6×8＝

⑱ 9×4＝

⑲ 7×9＝

⑳ 9×5＝

かけ算九九 ㊳

もう少し　やってみましょう。

① $8 \times 5 =$

② $6 \times 6 =$

③ $7 \times 7 =$

④ $8 \times 9 =$

⑤ $7 \times 5 =$

⑥ $6 \times 7 =$

⑦ $9 \times 3 =$

⑧ $7 \times 4 =$

⑨ $6 \times 5 =$

⑩ $8 \times 6 =$

⑪ $9 \times 7 =$

⑫ $6 \times 9 =$

⑬ $7 \times 6 =$

⑭ $8 \times 8 =$

⑮ $7 \times 8 =$

⑯ $8 \times 7 =$

⑰ $6 \times 8 =$

⑱ $9 \times 4 =$

⑲ $7 \times 9 =$

⑳ $9 \times 5 =$

73

かけ算九九㊴

月　日

点/20点

同じ　もんだいは、これで　おしまい。
このもんだいが　さっと　できると、九九は
だいじょうぶ。

① 8×5＝

② 6×6＝

③ 7×7＝

④ 8×9＝

⑤ 7×5＝

⑥ 6×7＝

⑦ 9×3＝

⑧ 7×4＝

⑨ 6×5＝

⑩ 8×6＝

⑪ 9×7＝

⑫ 6×9＝

⑬ 7×6＝

⑭ 8×8＝

⑮ 7×8＝

⑯ 8×7＝

⑰ 6×8＝

⑱ 9×4＝

⑲ 7×9＝

⑳ 9×5＝

74 かけ算九九㊵

このページの　九九を　すると、何か　気づきませんか？

① 1×8＝

② 8×1＝

③ 1×9＝

④ 9×1＝

⑤ 2×3＝

⑥ 3×2＝

⑦ 2×4＝

⑧ 4×2＝

⑨ 2×5＝

⑩ 5×2＝

⑪ 2×6＝

⑫ 6×2＝

⑬ 2×7＝

⑭ 7×2＝

⑮ 2×8＝

⑯ 8×2＝

⑰ 2×9＝

⑱ 9×2＝

⑲ 3×4＝

⑳ 4×3＝

かけ算九九㊶

さて、何か　気づいたかな。

① 3×5＝

② 5×3＝

③ 3×6＝

④ 6×3＝

⑤ 3×7＝

⑥ 7×3＝

⑦ 3×8＝

⑧ 8×3＝

⑨ 3×9＝

⑩ 9×3＝

⑪ 4×5＝

⑫ 5×4＝

⑬ 4×6＝

⑭ 6×4＝

⑮ 4×7＝

⑯ 7×4＝

⑰ 4×8＝

⑱ 8×4＝

⑲ 4×9＝

⑳ 9×4＝

かけ算九九㊷

月　　日

点/20点

5　×　6　＝　30
かけられる数　かける数
6　×　5　＝　30

そう、かけ算は、かけられる数と　かける数を　入れかえても、答えは　同じになりますね。

① 5×6＝

② 6×5＝

③ 5×7＝

④ 7×5＝

⑤ 5×8＝

⑥ 8×5＝

⑦ 5×9＝

⑧ 9×5＝

⑨ 6×7＝

⑩ 7×6＝

⑪ 6×8＝

⑫ 8×6＝

⑬ 6×9＝

⑭ 9×6＝

⑮ 7×8＝

⑯ 8×7＝

⑰ 7×9＝

⑱ 9×7＝

⑲ 8×9＝

⑳ 9×8＝

77 かけ算九九 ㊸

月　　日

点/4点

つぎの　□に、数や　ことばを　かきましょう。

①
2×1=2
2×2=4
2×3=6
2×4=8
2×5=10
2×6=12
2×7=14
2×8=16
2×9=18

いくつずつ
ふえるかな

②
3×1=3
3×2=6
3×3=9
3×4=12
3×5=15
3×6=18
3×7=21
3×8=24
3×9=27

いくつずつ
ふえるかな

③
4×1=4
4×2=8
4×3=12
4×4=16
4×5=20
4×6=24
4×7=28
4×8=32
4×9=36

いくつずつ
ふえるかな

① 　2のだんは　答えが　□　　　　ずつ　大きく　なっている。

② 　3のだんは　答えが　□　　　　ずつ　大きく　なっている。

③ 　4のだんは　答えが　□　　　　ずつ　大きく　なっている。

④ 　かけ算九九は、かける数が　1　大きく　なると、

　　答えは　□　　　　　　　　数だけ　大きく　なります。

78

九九の表①

月　日

点/63点

あいている　らんに　答えを　かきましょう。

ヒント①　㋐→㋑→㋒　答えは、３ずつ　大きく　なります。

ヒント②　㋑と㋓、かけられる数と　かける数を　入れかえても　かけ算の　答えは　同じです。

		かける数											
	×	1	2	3	4	5	6	7	8	9	10	11	12
かけられる数	1	1	2	3	4	5	6	7	8	9			
	2	2	4	6	8	10	12	14	16	18			
	3	3	6	9	12	15	18	21	㋐ 24	㋑ 27	㋒		
	4	4	8	12	16	20	24	28	32	36			
	5	5	10	15	20	25	30	35	40	45			
	6	6	12	18	24	30	36	42	48	54			
	7	7	14	21	28	35	42	49	56	63			
	8	8	16	24	32	40	48	56	64	72			
	9	9	18	㋓ 27	36	45	54	63	72	81			
	10												
	11												
	12												

九九の表②

２のだんと　３のだんの　答えを　ならべました。

① ２のだんの　答えと　３のだんの　答えを　たして、下のらんに　かきましょう。

	かける数								
×	1	2	3	4	5	6	7	8	9
2のだん	2	4	6	8	10	12	14	16	18
3のだん	3	6	9	12	15	18	21	24	27
㋐のだん									

㋐は　何のだんの　答えに　なりましたか。□　のだん。

② ２のだんと　４のだんでも　やってみましょう。

2のだん	2	4	6	8	10	12	14	16	18
4のだん	4	8	12	16	20	24	28	32	36
㋑のだん									

㋑は　何のだんの　答えに　なりましたか。□　のだん。

③ じぶんで　すきなだんの　答えを　かいてみましょう。

のだん									
のだん									
のだん									

100ます九九①

下の　ます目に　かけ算の　答えを　かきましょう。

×	0	1	2	3	4	5	6	7	8	9
0	0	0	0	0	0	0	0	0	0	0
1	0									
2	0									
3	0									
4	0									
5	0									
6	0									
7	0									
8	0									
9	0									

81

100ます九九②

月　　日

点/100点

下の　ます目に　かけ算の　答えを　かきましょう。

×	3	8	1	5	9	0	7	2	8	4
5						0				
3						0				
6						0				
0	0	0	0	0	0	0	0	0	0	0
4						0				
1						0				
9						0				
7						0				
2						0				
8						0				

100ます九九③

月　　日

点/100点

　　下の　ます目に　かけ算の　答えを　かきましょう。左上から
右へ　じゅんに　やりましょう。

×	3	8	1	5	9	0	7	2	8	4
5	→	→				0				⇐
3	⇒					0				
6						0				
0	0	0	0	0	0	0	0	0	0	0
4						0				
1						0				
9						0				
7						0				
2						0				
8						0				

83

100ます九九④

月　日

点/100点

下の　ます目に　かけ算の　答えを　かきましょう。じゅんに　やらないと　計算力が　つきません。

×	3	8	1	5	9	0	7	2	8	4
5						0				
3						0				
6						0				
0	0	0	0	0	0	0	0	0	0	0
4						0				
1						0				
9						0				
7						0				
2						0				
8						0				

100ます九九⑤

下の　ます目に　かけ算の　答えを　かきましょう。だんだん　はやく　できるように　なったでしょう。

×	3	8	1	5	9	0	7	2	8	4
5						0				
3						0				
6						0				
0	0	0	0	0	0	0	0	0	0	0
4						0				
1						0				
9						0				
7						0				
2						0				
8						0				

100ます九九⑥

月　　日

点/100点

下の　ます目に　かけ算の　答えを　かきましょう。
このページからは、数字の　ならび方が　かわります。

×	2	8	3	0	5	7	1	9	4	6
4										
2										
0										
6										
3										
8										
1										
5										
7										
9										

100ます九九⑦

月　　　日

点/100点

　　下の　ます目に　かけ算の　答えを　かきましょう。やっぱり、
じゅんばんに　やることが　大切です。

×	4	6	1	3	5	8	0	7	2	9
3										
1										
8										
4										
0										
6										
9										
2										
7										
5										

100ます九九⑧

月　　日

点/100点

下の　ます目に　かけ算の　答えを　かきましょう。何びょうで　できるか　はかって　みましょう。

□分□びょう

×	5	3	1	9	7	2	0	6	8	4
2										
6										
1										
5										
3										
0										
8										
4										
9										
7										

88 100ます九九⑨

月　日

点/100点

下の　ます目に　かけ算の　答えを　かきましょう。前の　ページより　はやく　なりましたか。

分　びょう

×	6	1	7	4	2	9	0	5	8	3
3										
6										
1										
5										
2										
0										
8										
4										
7										
9										

答　え

1	① 64	② 88	③ 65
	④ 78	⑤ 97	⑥ 99
2	① 94	② 88	③ 99
	④ 63	⑤ 83	⑥ 77
	⑦ 67	⑧ 66	⑨ 98
	⑩ 74		
3	① 27	② 27	③ 47
	④ 47	⑤ 65	⑥ 65
	⑦ 57	⑧ 57	⑨ 78
	⑩ 78		
4	① 71	② 63	③ 81
	④ 80	⑤ 93	⑥ 74
5	① 85	② 81	③ 60
	④ 62	⑤ 73	⑥ 60
	⑦ 67	⑧ 83	⑨ 42
	⑩ 76		
6	① 74	② 60	③ 90
	④ 90	⑤ 63	⑥ 80
	⑦ 81	⑧ 91	⑨ 71
	⑩ 96		

7	① 74	② 73	③ 80
	④ 50	⑤ 81	⑥ 87
	⑦ 91	⑧ 84	⑨ 90
	⑩ 76		
8	① 22	② 22	③ 43
	④ 43	⑤ 50	⑥ 50
	⑦ 63	⑧ 63	⑨ 81
	⑩ 81		
9	① 22	② 35	③ 33
	④ 62	⑤ 64	⑥ 62
10	① 22	② 12	③ 40
	④ 31	⑤ 62	⑥ 31
	⑦ 38	⑧ 13	⑨ 23
	⑩ 21		
11	① 70	② 12	③ 20
	④ 11	⑤ 11	⑥ 82
	⑦ 15	⑧ 11	⑨ 35
	⑩ 30		
12	① 14	② 18	③ 38
	④ 35	⑤ 19	⑥ 35

13	①	16	②	26	③	18
	④	24	⑤	49	⑥	36
	⑦	29	⑧	19	⑨	39
	⑩	27				

14	①	26	②	63	③	52
	④	25	⑤	37	⑥	19
	⑦	15	⑧	37	⑨	39
	⑩	38				

15	①	38	②	35	③	39
	④	44	⑤	18	⑥	38
	⑦	25	⑧	39	⑨	18
	⑩	58				

16	①	7	②	8	③	5
	④	9	⑤	8	⑥	7
	⑦	7	⑧	9	⑨	9
	⑩	9				

17	①	129	②	136	③	138
	④	118	⑤	118	⑥	138

18	①	121	②	124	③	111
	④	152	⑤	132	⑥	151

19	①	115	②	121	③	111
	④	114	⑤	112	⑥	116
	⑦	125	⑧	162	⑨	121
	⑩	122				

20	①	101	②	103	③	100
	④	101	⑤	100	⑥	103
	⑦	100	⑧	100	⑨	102
	⑩	100				

21	①	100	②	101	③	103
	④	101	⑤	103	⑥	103
	⑦	101	⑧	101	⑨	100
	⑩	101				

22	①	107	②	120	③	100
	④	111	⑤	117	⑥	102
	⑦	112	⑧	100	⑨	155
	⑩	182				

23	①	110	②	129	③	101
	④	100	⑤	102	⑥	159
	⑦	103	⑧	104	⑨	101
	⑩	161				

24	①	75	②	71	③	75
	④	80	⑤	82	⑥	92

25	①	86	②	64	③	65
	④	47	⑤	85	⑥	85

26	①	78	②	86	③	65
	④	88	⑤	88	⑥	97
	⑦	99	⑧	95	⑨	98
	⑩	89				

27	① 96	② 58	③ 88
	④ 77	⑤ 97	⑥ 92
	⑦ 79	⑧ 29	⑨ 84
	⑩ 99		

28	① 79	② 55	③ 17
	④ 64	⑤ 9	⑥ 27

29	① 53	② 81	③ 81
	④ 34	⑤ 97	⑥ 72
	⑦ 86	⑧ 96	⑨ 87
	⑩ 78		

30	① 71	② 44	③ 94
	④ 50	⑤ 88	⑥ 73
	⑦ 82	⑧ 47	⑨ 79
	⑩ 67		

31	① 78	② 92	③ 109
	④ 98	⑤ 101	⑥ 88
	⑦ 101	⑧ 79	⑨ 123

32	① 95	② 76	③ 76
	④ 115	⑤ 102	⑥ 47
	⑦ 91	⑧ 104	⑨ 27
	⑩ 68		

33	① 99	② 137	③ 91
	④ 103	⑤ 61	⑥ 78
	⑦ 83	⑧ 107	⑨ 43
	⑩ 117		

34	① 83	② 59	③ 86
	④ 163	⑤ 108	⑥ 105
	⑦ 97	⑧ 111	⑨ 39
	⑩ 26		

35	① 4	⑥ 8
	② 6	⑦ 16
	③ 2	⑧ 14
	④ 10	⑨ 18
	⑤ 12	⑩ 0

36	① 5	⑥ 40
	② 20	⑦ 30
	③ 10	⑧ 45
	④ 25	⑨ 35
	⑤ 15	⑩ 0

37	① 36	⑥ 27
	② 18	⑦ 63
	③ 54	⑧ 45
	④ 9	⑨ 81
	⑤ 72	⑩ 0

38	① 15	⑥ 18
	② 6	⑦ 3
	③ 12	⑧ 21
	④ 9	⑨ 27
	⑤ 24	⑩ 0

39	① 12	⑥ 36
	② 8	⑦ 16
	③ 20	⑧ 28
	④ 4	⑨ 32
	⑤ 24	⑩ 0

40
- ① 18　⑥ 48
- ② 6　⑦ 30
- ③ 36　⑧ 42
- ④ 12　⑨ 54
- ⑤ 24　⑩ 0

41
- ① 14　⑥ 35
- ② 49　⑦ 63
- ③ 7　⑧ 56
- ④ 28　⑨ 42
- ⑤ 21　⑩ 0

42
- ① 16　⑥ 56
- ② 40　⑦ 32
- ③ 72　⑧ 48
- ④ 8　⑨ 64
- ⑤ 24　⑩ 0

43
- ① 3　⑥ 9
- ② 1　⑦ 4
- ③ 5　⑧ 6
- ④ 2　⑨ 8
- ⑤ 7　⑩ 0

44
- ① 1　⑧ 6　⑮ 2
- ② 3　⑨ 8　⑯ 6
- ③ 5　⑩ 0　⑰ 10
- ④ 7　⑪ 4　⑱ 14
- ⑤ 9　⑫ 8　⑲ 18
- ⑥ 2　⑬ 12　⑳ 0
- ⑦ 4　⑭ 16

45
- ① 6　⑧ 21　⑮ 36
- ② 12　⑨ 27　⑯ 8
- ③ 18　⑩ 0　⑰ 16
- ④ 24　⑪ 4　⑱ 24
- ⑤ 3　⑫ 12　⑲ 32
- ⑥ 9　⑬ 20　⑳ 0
- ⑦ 15　⑭ 28

46
- ① 10　⑧ 35　⑮ 54
- ② 20　⑨ 45　⑯ 12
- ③ 30　⑩ 0　⑰ 24
- ④ 40　⑪ 6　⑱ 36
- ⑤ 5　⑫ 18　⑲ 48
- ⑥ 15　⑬ 30　⑳ 0
- ⑦ 25　⑭ 42

47
- ① 7　⑧ 42　⑮ 8
- ② 21　⑨ 56　⑯ 24
- ③ 35　⑩ 0　⑰ 40
- ④ 49　⑪ 16　⑱ 56
- ⑤ 63　⑫ 32　⑲ 72
- ⑥ 14　⑬ 48　⑳ 0
- ⑦ 28　⑭ 64

48
- ① 9　⑧ 72　⑮ 45
- ② 18　⑨ 81　⑯ 36
- ③ 27　⑩ 0　⑰ 27
- ④ 36　⑪ 81　⑱ 18
- ⑤ 45　⑫ 72　⑲ 9
- ⑥ 54　⑬ 63　⑳ 0
- ⑦ 63　⑭ 54

49～57　しょうりゃく

58						
①	1	⑧	12	⑮	14
②	3	⑨	4	⑯	10
③	6	⑩	4	⑰	6
④	2	⑪	7	⑱	9
⑤	2	⑫	18	⑲	16
⑥	5	⑬	8	⑳	3
⑦	6	⑭	8		

59						
①	15	⑧	8	⑮	5
②	9	⑨	16	⑯	32
③	4	⑩	18	⑰	10
④	21	⑪	24	⑱	36
⑤	12	⑫	28	⑲	16
⑥	12	⑬	27	⑳	30
⑦	20	⑭	24		

60						
①	15	⑧	12	⑮	48
②	35	⑨	36	⑯	21
③	20	⑩	24	⑰	54
④	40	⑪	7	⑱	42
⑤	6	⑫	42	⑲	56
⑥	18	⑬	30	⑳	28
⑦	45	⑭	14		

61						
①	35	⑧	36	⑮	72
②	49	⑨	24	⑯	45
③	63	⑩	18	⑰	48
④	8	⑪	40	⑱	63
⑤	32	⑫	64	⑲	56
⑥	9	⑬	27	⑳	72
⑦	16	⑭	54		

62						
①	10	⑧	15	⑮	20
②	12	⑨	32	⑯	16
③	12	⑩	14	⑰	15
④	12	⑪	16	⑱	21
⑤	28	⑫	18	⑲	20
⑥	18	⑬	36	⑳	27
⑦	24	⑭	24		

63						
①	25	⑧	14	⑮	35
②	12	⑨	30	⑯	81
③	35	⑩	40	⑰	24
④	45	⑪	42	⑱	28
⑤	30	⑫	24	⑲	40
⑥	18	⑬	36	⑳	42
⑦	48	⑭	21		

64						
①	56	⑧	63	⑮	56
②	16	⑨	27	⑯	45
③	81	⑩	64	⑰	48
④	54	⑪	32	⑱	72
⑤	56	⑫	49	⑲	72
⑥	18	⑬	36	⑳	56
⑦	54	⑭	63		

65						
①	18	⑧	36	⑮	30
②	21	⑨	25	⑯	36
③	24	⑩	30	⑰	42
④	27	⑪	35	⑱	48
⑤	24	⑫	40	⑲	54
⑥	28	⑬	45	⑳	21
⑦	32	⑭	24		

66						
	①	28	⑧	32	⑮	36
	②	35	⑨	40	⑯	45
	③	42	⑩	48	⑰	54
	④	49	⑪	56	⑱	63
	⑤	56	⑫	64	⑲	72
	⑥	63	⑬	72	⑳	81
	⑦	24	⑭	27		

67						
	①	24	⑧	21	⑮	42
	②	25	⑨	30	⑯	28
	③	27	⑩	36	⑰	54
	④	32	⑪	35	⑱	49
	⑤	56	⑫	36	⑲	48
	⑥	24	⑬	24	⑳	63
	⑦	40	⑭	45		

68						
	①	30	⑧	45	⑮	63
	②	35	⑨	24	⑯	27
	③	42	⑩	48	⑰	64
	④	40	⑪	21	⑱	36
	⑤	28	⑫	72	⑲	72
	⑥	54	⑬	56	⑳	18
	⑦	32	⑭	81		

69〜73 同じ問題をくりかえし練習。

	①	40	⑧	28	⑮	56
	②	36	⑨	30	⑯	56
	③	49	⑩	48	⑰	48
	④	72	⑪	63	⑱	36
	⑤	35	⑫	54	⑲	63
	⑥	42	⑬	42	⑳	45
	⑦	27	⑭	64		

74						
	①	8	⑧	8	⑮	16
	②	8	⑨	10	⑯	16
	③	9	⑩	10	⑰	18
	④	9	⑪	12	⑱	18
	⑤	6	⑫	12	⑲	12
	⑥	6	⑬	14	⑳	12
	⑦	8	⑭	14		

（かけ算は、かけられる数とかける数
を入れかえても、答えは同じ。
○×△と△×○の答えは同じ。）

75						
	①	15	⑧	24	⑮	28
	②	15	⑨	27	⑯	28
	③	18	⑩	27	⑰	32
	④	18	⑪	20	⑱	32
	⑤	21	⑫	20	⑲	36
	⑥	21	⑬	24	⑳	36
	⑦	24	⑭	24		

76						
	①	30	⑧	45	⑮	56
	②	30	⑨	42	⑯	56
	③	35	⑩	42	⑰	63
	④	35	⑪	48	⑱	63
	⑤	40	⑫	48	⑲	72
	⑥	40	⑬	54	⑳	72
	⑦	45	⑭	54		

77						
	①	2	②	3	③	4
	④	かけられる				

78

		かける数											
	×	1	2	3	4	5	6	7	8	9	10	11	12
かけられる数	1	1	2	3	4	5	6	7	8	9	10	11	12
	2	2	4	6	8	10	12	14	16	18	20	22	24
	3	3	6	9	12	15	18	21	㋐24	㋑27	㋒30	33	36
	4	4	8	12	16	20	24	28	32	36	40	44	48
	5	5	10	15	20	25	30	35	40	45	50	55	60
	6	6	12	18	24	30	36	42	48	54	60	66	72
	7	7	14	21	28	35	42	49	56	63	70	77	84
	8	8	16	24	32	40	48	56	64	72	80	88	96
	9	9	18	㋓27	36	45	54	63	72	81	90	99	108
	10	10	20	30	40	50	60	70	80	90	100	110	120
	11	11	22	33	44	55	66	77	88	99	110	121	132
	12	12	24	36	48	60	72	84	96	108	120	132	144

79 ①

	かける数								
×	1	2	3	4	5	6	7	8	9
2のだん	2	4	6	8	10	12	14	16	18
3のだん	3	6	9	12	15	18	21	24	27
㋐のだん	5	10	15	20	25	30	35	40	45

5のだん

②

2のだん	2	4	6	8	10	12	14	16	18
4のだん	4	8	12	16	20	24	28	32	36
㋑のだん	6	12	18	24	30	36	42	48	54

6のだん

③ しょうりゃく

80

×	0	1	2	3	4	5	6	7	8	9
0	0	0	0	0	0	0	0	0	0	0
1	0	1	2	3	4	5	6	7	8	9
2	0	2	4	6	8	10	12	14	16	18
3	0	3	6	9	12	15	18	21	24	27
4	0	4	8	12	16	20	24	28	32	36
5	0	5	10	15	20	25	30	35	40	45
6	0	6	12	18	24	30	36	42	48	54
7	0	7	14	21	28	35	42	49	56	63
8	0	8	16	24	32	40	48	56	64	72
9	0	9	18	27	36	45	54	63	72	81

81〜84 同じ問題をくりかえし練習。

×	3	8	1	5	9	0	7	2	8	4
5	15	40	5	25	45	0	35	10	40	20
3	9	24	3	15	27	0	21	6	24	12
6	18	48	6	30	54	0	42	12	48	24
0	0	0	0	0	0	0	0	0	0	0
4	12	32	4	20	36	0	28	8	32	16
1	3	8	1	5	9	0	7	2	8	4
9	27	72	9	45	81	0	63	18	72	36
7	21	56	7	35	63	0	49	14	56	28
2	6	16	2	10	18	0	14	4	16	8
8	24	64	8	40	72	0	56	16	64	32

85

×	2	8	3	0	5	7	1	9	4	6
4	8	32	12	0	20	28	4	36	16	24
2	4	16	6	0	10	14	2	18	8	12
0	0	0	0	0	0	0	0	0	0	0
6	12	48	18	0	30	42	6	54	24	36
3	6	24	9	0	15	21	3	27	12	18
8	16	64	24	0	40	56	8	72	32	48
1	2	8	3	0	5	7	1	9	4	6
5	10	40	15	0	25	35	5	45	20	30
7	14	56	21	0	35	49	7	63	28	42
9	18	72	27	0	45	63	9	81	36	54

86

×	4	6	1	3	5	8	0	7	2	9
3	12	18	3	9	15	24	0	21	6	27
1	4	6	1	3	5	8	0	7	2	9
8	32	48	8	24	40	64	0	56	16	72
4	16	24	4	12	20	32	0	28	8	36
0	0	0	0	0	0	0	0	0	0	0
6	24	36	6	18	30	48	0	42	12	54
9	36	54	9	27	45	72	0	63	18	81
2	8	12	2	6	10	16	0	14	4	18
7	28	42	7	21	35	56	0	49	14	63
5	20	30	5	15	25	40	0	35	10	45

87

×	5	3	1	9	7	2	0	6	8	4
2	10	6	2	18	14	4	0	12	16	8
6	30	18	6	54	42	12	0	36	48	24
1	5	3	1	9	7	2	0	6	8	4
5	25	15	5	45	35	10	0	30	40	20
3	15	9	3	27	21	6	0	18	24	12
0	0	0	0	0	0	0	0	0	0	0
8	40	24	8	72	56	16	0	48	64	32
4	20	12	4	36	28	8	0	24	32	16
9	45	27	9	81	63	18	0	54	72	36
7	35	21	7	63	49	14	0	42	56	28

88

×	6	1	7	4	2	9	0	5	8	3
3	18	3	21	12	6	27	0	15	24	9
6	36	6	42	24	12	54	0	30	48	18
1	6	1	7	4	2	9	0	5	8	3
5	30	5	35	20	10	45	0	25	40	15
2	12	2	14	8	4	18	0	10	16	6
0	0	0	0	0	0	0	0	0	0	0
8	48	8	56	32	16	72	0	40	64	24
4	24	4	28	16	8	36	0	20	32	12
7	42	7	49	28	14	63	0	35	56	21
9	54	9	63	36	18	81	0	45	72	27